BIBLIOTHÈQUE

RELIGIEUSE, MORALE, LITTÉRAIRE,

POUR L'ENFANCE ET LA JEUNESSE,

PUBLIÉE AVEC APPROBATION

DE Mgr L'ARCHEVÊQUE DE BORDEAUX.

PROMENADE

AU

JARDIN DES PLANTES

SUIVI

DE LOUISE

ÉPISODE

PAR RENÉ DE MONT-LOUIS

LIMOGES

MARTIAL ARDANT FRÈRES, ÉDITEURS.

Rue de la Terrasse.

PROMENADE

AU

JARDIN DES PLANTES.

M. de Mauroy avait deux enfants charmants, Paul et Cécile. Il les avait toujours auprès de lui, car, devenu veuf de bonne heure, il n'avait pas voulu se séparer de ces deux êtres si chers qui lui rappelaient sa compagne. Leur éducation se faisait à la maison. Un précepteur et une gouvernante leur donnaient des leçons faciles, et des maîtres plus fameux de Paris venaient compléter l'enseignement. M. de Mauroy lui-même se plaisait à donner à ses enfants des leçons de botanique, d'histoire naturelle ; souvent il les emmenait avec lui dans ses excursions aux alentours de Paris, et son plus grand bonheur était de répondre à tous les *pourquoi*

dont l'accablait sa jolie famille, et de leur apprendre à admirer les œuvres de Dieu, et à l'adorer en contemplant les merveilles de la nature.

Paul avait onze ans; Cécile avait quinze mois de moins.

Un beau jeudi du mois de juin, le soleil s'était levé pur et radieux; la nature était belle et souriante. M. de Mauroy s'habilla de bonne heure, et après un succulent déjeuner il dit à ses enfants, sans leur rien laisser soupçonner de son projet :

— Mes enfants, nous allons faire aujourd'hui un charmant voyage à travers le monde entier.

— Mais, dit Cécile, nous n'emportons ni provisions ni bagages. Il fallait faire nos paquets, papa.

— Cela n'est pas nécessaire, ma Cécile; nous n'allons pas bien loin, et cependant nous visiterons tous les pays.

— Et comment cela, mon père? dit Paul.

— Mon ami, reprit M. de Mauroy, la promenade que j'ai projetée se bornera à une excursion dans un beau et magique domaine, tout rempli de merveilles; vous y verrez les forêts de l'Amérique, les gras pâturages de la Suisse, les montagnes imposantes de la Judée et les paysages aquatiques de la Hollande; et à travers ces pays en miniature, vous y verrez les animaux de ces pays, nous étudierons ensemble leurs mœurs, leurs habitudes...

— Et tout cela vivant? reprit impétueusement la blonde Cécile.

— Oui, vivant, marchant, rugissant, ruminant, grognant, coassant.

— Mais où donc allons-nous? s'écrièrent les deux enfants, émerveillés de ces promesses et intrigués au dernier point.

En ce moment passait un fiacre, le père l'arrêta, y fit monter ses enfants, et ayant dit quelques mots à l'oreille du cocher, ils partirent au grand trot du côté de Bercy.

Bientôt après ils étaient arrivés à une grande et majestueuse grille. La voiture s'arrêta, et Paul en sautant à terre s'écria :

— Tiens, vois donc, Cécile, nous sommes au Jardin des Plantes!

— Oh! quel bonheur !... Mon père, dit Cécile, nous verrons les animaux?

— Et les singes? dit Paul.

— Eh bien! et les ours qui font *le beau* pour qu'on leur jette des morceaux de gâteaux qu'ils attrapent si adroitement!

— Nous verrons tout, mes enfants, dit M. de

Mauroy. Suivez-moi. Et d'abord faisons provision de pain, de fruits, pour ces jolis pigeons qui roucoulent dans l'herbe haute, pour ces canards qui se disputent le morceau qu'on leur jette. Nous avons bien des heureux à faire avec quelques miettes de pain.

Commençons notre excursion par le plus loin, mes enfants ; allons de suite dans les pays brûlants, sous les ombrages épais de cet arbre que vous voyez là-bas, là-bas... au sommet de ce mont factice.

On y arriva bientôt. L'arbre robuste et plein de sève étendait sur le passant l'ombre épaisse de ses rameaux.

— Voyez, mes petits amis, c'est là le plus bel arbre de la création; c'est l'arbre sacré, c'est l'arbre dont Salomon construisait ses temples.

— Ah! dit Cécile, c'est donc le cèdre du Liban?

— Précisément, ma fille; c'est un bel arbre, n'est-ce pas? il élance vers le ciel ses feuilles et ses branches vigoureuses, et cependant le voyageur qui l'avait arraché aux flancs du mont Liban l'apporta en France dans un chapeau rempli de la terre du désert. C'était un fragile arbuste, grand de quelques pouces à peine;

aujourd'hui c'est le géant du Jardin des Plantes. Le pauvre voyageur qui l'enleva au désert se privait chaque jour de sa ration d'eau, au milieu du climat brûlant de l'Arabie, afin d'humecter les racines de son arbrisseau. C'est ainsi qu'il l'a sauvé.

— Ah! le pauvre homme! Mais pourquoi avait-il fait cela? dit Cécile.

— Par amour pour la science.

Ici tout près, voyez cette pépinière d'arbres étrangers. Tenez, voilà le vinaigrier du Japon, le catalpa d'Amérique. Tenez, mes enfants, cet arbre a été témoin d'une scène bien touchante. Un pauvre Indien avait été amené à Paris; mais, sombre et triste, il restait silencieux devant les merveilles de la grande cité; nos somptueuses églises, nos théâtres étincelants d'or et de lumière, l'avaient ennuyé; depuis deux mois il se traînait dans nos rues sombres et sous le pâle soleil de notre pays. Il songeait à sa patrie, à ses forêts, à ses bosquets de mimosas odorants. On l'amena au Jardin des Plantes. Arrivé devant cet arbre, il s'arrêta; son cœur battait, ses yeux étaient pleins de larmes, sa voix pleine de sanglots. *Arbre de mon pays, s'écria-t-il, je te salue!* et il se précipita vers l'arbre, l'embrassa comme un frère, un ami, un enfant de la même patrie.

— Ah! mon père, que cela est touchant, dit Paul, et combien vous êtes habile à mêler l'utile et l'agréable! Avec vous on apprend, et cependant on ne s'ennuie jamais.

— Instruire en amusant, telle est ma devise, reprit M. de Mauroy. Maintenant continuons notre promenade. Voyez maintenant ces serres merveilleuses, ces maisons de verre, où les plantes exotiques les plus rares, les arbres les plus inconnus, les fleurs les plus belles, les fruits les plus magnifiques, sont élevés. Ils vivent là-dedans comme dans leurs climats. Là la liane s'enlace aux branches de ce tamarinier en fleurs; plus loin ce cocotier penche sa tête; là l'oranger et ses étoiles parfumées; ici le fruit rouge du grenadier. Quel luxe de végétation! quelle sève puissante!... Admirez, mes enfants!...

— Mon père, est-ce ainsi que sont les forêts vierges de l'Amérique? dit Paul.

— A peu près, mon enfant; seulement dans ces terrains fertiles la végétation est plus vigoureuse, les arbres plus forts. Les forêts vierges sont impénétrables, et nul humain autre que les sauvages n'a osé en pénétrer les sombres et terribles solitudes. Dans ces forêts la nuit est profonde, nul sentier n'y est tracé, et le malheureux qui s'y aventurerait risquerait d'y mourir, sans trouver son chemin.

— Mon père, dit Cécile, allons-nous voir les animaux ?

— Oui, mon enfant. Et voyez ce lac entouré de hautes herbes aquatiques ! Tiens, ma Cécile, là, sous ta main, vois cette belle fleur, au calice argenté, qui s'élance de ses larges feuilles : c'est une fleur des marais, c'est le nénuphar. N'y touche pas, mon enfant ; c'est un poison.

— Ah ! mon père, vois donc ce charmant oiseau qui s'élance dans l'eau de ce jardin flottant ! quel joli plumage moucheté !

— Mon enfant, c'est la sarcelle de Barbarie. Plus loin ce bel oiseau qui fend l'onde en étendant ses ailes comme des voiles, c'est le cygne du Nord.

— Ah ! mon père, dit Paul, voyez donc ce vilain oiseau blanc avec une calotte noire et un plumet blanc !

— Oh ! reprit Cécile, qu'il est laid ! quel long bec ! quelles grandes jambes ! Qu'est-ce donc ?

— Comment, Paul, tu ne reconnais pas à cette tournure grotesque l'oiseau dont le bon La Fontaine a dit :

Un jour sur ses longs pieds allait je ne sais où,
Un héron au long bec emmanché d'un long cou?

— Ah! c'est le héron; je suis bien aise de le connaître. Voyez donc cet air grave! on dirait d'un savant.

Le héron les regardait fixement.

— Monsieur, je vous salue bien... reprit Cécile en lui faisant une révérence moqueuse.

En ce moment le héron remua la tête de haut en bas, en ayant l'air de saluer, ce qui fit beaucoup rire les deux enfants.

L'hilarité un peu calmée, le père reprit:

— Celui-ci, c'est le héron du Brésil. Il y en a beaucoup d'autres espèces; c'est la moins commune.

Plus loin, ce grand animal de quatre pieds de haut, c'est la cigogne blanche. Ces pauvres animaux voyagent sans cesse : dans l'hiver elles vont dans les déserts de l'Afrique, et là elles pondent et couvent leurs œufs; les Arabes les appellent *hadji*, ce qui veut dire *pèlerin*, à cause de leurs habitudes de voyage. Pendant l'été elles habitent l'Alsace et la Hollande, où elles se mêlent aux troupeaux; les Hollandais aiment beaucoup ces animaux, parce qu'ils font la chasse aux serpents. De plus, ces oiseaux sont doux, patients, et n'ont jamais fait que du bien aux hommes, en détruisant les insectes venimeux qui font la guerre aux troupeaux.

Continuons maintenant, mes enfants, et laissons là les poules, les oies, les canards domestiques et ces hôtes bavards de la basse-cour. Tiens, Paul, donne donc un morceau de pain à cette petite biche qui tend son museau à travers le grillage de bois.

Cécile lui donna du pain, et quand la biche eut fini, elle tendit encore son museau.

— Ah! mademoiselle, dit Paul, vous êtes trop gourmande.

— Mais, non, Paul; vois comme elle nous lèche la main! dit la petite fille.

— Oh! le beau pré, mon père! s'écria Paul; quelles hautes herbes! quels verts gazons!

— Et le joli chalet! reprit Cécile, avec ce toit de mousse qu'abrite un chêne. Ah! voilà une vache qui en sort; elle est toute blanche. Le bon repas qu'on ferait avec son lait!

— Passons maintenant vers ces volières que vous apercevez là-bas.

— Voici des pigeons, dit Cécile. Qu'ils sont jolis, et comme ils roucoulent! les belles couleurs changeantes sous leur cou!

— Voici des pintades d'Afrique. Tiens, Paul, donne un peu de pain à cette couveuse.

Et Paul émietta quelques morceaux de pain; la pintade en saisit quelques-uns, mais un moineau hardi sauta sur le plus gros et l'emporta.

— Oh! le maudit voleur! avez-vous vu, mon père, dit Cécile, comme il a volé cette pauvre mère? Petit mauvais sujet, si je vous tenais, comme je vous mettrais en cage!

— Et tu parviendrais facilement à l'élever, ma fille; car, s'il est jeune, il sera docile et obéira parfaitement à ta voix. Il te reconnaîtra partout, et te suivra même à la promenade. Tenez, je sais à ce sujet une petite histoire que je vais vous raconter en peu de mots.

Un pauvre invalide, qui avait obtenu ce dernier refuge des braves après avoir combattu vingt ans pour la patrie, avait un petit moineau qu'il avait élevé et qui le suivait partout. Cependant, craignant que le pauvre petit, privé de sa liberté, ne vînt à mourir, l'invalide se décida à lui donner la clef des champs. Avant il lui attacha au cou un petit grelot. Le moineau heureux prit sa volée et ne reparut pas de tout le jour; mais le soir on entendit becqueter aux carreaux des fenêtres de l'infirmerie : c'était le moineau qui rentrait. On lui ouvrit, et aussitôt il alla voleter vers le lit de son maître; ne l'y trouvant pas, il se percha sur sa cage en poussant des petits cris, et lorsque le brave invalide revint de la cantine, il le reconnut et courut se placer sur son épaule. Le lendemain il sortit encore et ne revint que le soir, jouant dans le jardin avec ses camarades, voletant par-ci, par-là, et se perchant sur le bonnet de son maître s'il l'apercevait faisant au soleil sa promenade de midi. Cela dura ainsi plus de trois ans : chaque jour il rentrait coucher sur sa cage que le vieillard fermait avec soin. Mais pendant une maladie de l'invalide, la cage ne fut pas toujours fermée, et une belle nuit le chat, qui rôdait dans les salles, s'en approcha, passa sa griffe par la porte, et étrangla le pauvre moineau.

— Oh! le méchant chat! dit Cécile; comme je l'aurais battu!

— Ma fille, il faisait son métier de chat.

— Mon père, reprit Paul, voyez maintenant ces gros oiseaux! ce sont sans doute les oiseaux de proie. Quel air méchant! quel œil sombre et triste!

A côté voyez ces oiseaux joyeux de la basse-cour! ils chantent, ils gloussent, ils jouent entre eux; ils sont gourmands, ils furètent partout, se battant pour un grain de mil, se poursuivant pour un morceau de pain.

Ils s'avançaient tous trois à travers les allées encadrées de palissades devant lesquelles le cerf au branchage élevé et le bison viennent chercher une caresse.

— Ah ! le beau cerf ! voyez donc, mon père...

— Tu te trompes, mon cher Paul, ce n'est point un cerf, mais un renne. Cet animal vient de bien loin, et des pays les plus froids de la Laponie. Le renne est la seule richesse des Lapons ; il remplace pour eux le cheval, la vache et la brebis. Les Lapons les attèlent à leurs traîneaux et se font conduire par eux avec autant de docilité que le cheval le plus tranquille ; puis leur lait procure à ces pauvres gens une nourriture excellente ; on en fait aussi de petits fromages. La chair est excellente à manger. De la peau on fait des vêtements ; des nerfs, les Lapons tressent des cordes pour leurs arcs. Tu vois, mon fils, que ce sont des animaux très utiles...

M. de Mauroy allait continuer, lorsqu'un rugissement terrible effraya tellement Cécile qu'elle se jeta dans les bras de son père ; Paul n'était guère plus rassuré. Cependant ces deux enfants, habitués à avoir la plus grande confiance dans leur père, lui voyant le visage tranquille, s'avancèrent avec lui vers le lieu d'où était parti le rugissement.

Je vous l'ai dit, mes enfants, ce jardin est une merveille ; c'est l'univers entier réuni dans un espace de quelques hectares, et qu'on peut parcourir en deux heures : c'est l'arche de Noé, qui contenait tous les animaux de la terre. Nous voici arrivés au désert, dans l'Asie, dans l'Inde. Là est la bête féroce, celle qui se repaît de chair et de sang.

Dans cette cage, mes chers petits, voilà le roi des forêts, le lion! Voyez quel air calme et imposant! comme il agite sa queue, dont un seul coup suffit pour terrasser un homme! Quel bel œil, quelle magnifique crinière! Le lion n'est pas méchant : il se jette sur une proie quand il a faim, mais lorsqu'elle est assouvie, il ne commet pas de carnage inutile. Lorsqu'il rencontre des hommes, il ne les attaque que s'il est assailli par eux. Dès qu'il est pris, le lion devient doux, et, s'il est jeune, on peut l'élever et l'instruire comme un animal domestique. Vous souvient-il d'avoir lu dans l'Histoire des Croisades l'anecdote de ce chevalier qui avait apprivoisé un lion qu'il avait sauvé dans les déserts de la Syrie! le lion le suivait partout comme un chien, le défendait dans les combats, si bien que le chevalier était devenu la terreur des Musulmans. Lorsqu'il voulut retourner en

France, le patron du navire sur lequel il s'embarqua ne voulut jamais consentir à emmener le lion sur son vaisseau ; le chevalier l'abandonna sur le rivage. Le navire prit l'essor et fendit la mer. Alors, voyant partir son maître, le lion poussa un long rugissement de douleur, s'élança à l'eau pour le suivre, et nagea l'espace de plusieurs lieues, jusqu'à ce que, épuisé de fatigue, il se fût noyé.

— Et ce lion qui dans Florence avait emporté un petit enfant ! reprit Paul.

— Ah ! je ne sais pas cette histoire, dit Cécile.

— Eh bien ! dis-la lui, Paul, reprit M. de Mauroy.

— C'est un lion, petite sœur, qui était entré dans une maison de Florence, et qui y avait enlevé un enfant. La mère l'aperçut au moment où il emportait son cher petit dans sa gueule redoutable. Elle courut après le lion, résolue à se faire dévorer pour sauver son enfant. Elle sanglotait, la pauvre mère ; des larmes ruisselaient sur son visage ; à genoux devant le lion, elle élevait ses bras suppliants vers le ciel. Le lion la contemplait de son œil calme ; enfin, vaincu par ses larmes, il déposa à terre l'enfant, sans lui faire aucun mal, et s'en alla.

— Oh! que cela est beau! dit Cécile d'un air attendri.

— Voilà un bel animal! Voyez, mon père, comme il a l'air doux, comme il est vif, comme il est tacheté! il me regarde d'un air caressant. On dirait qu'il veut frotter sa tête contre moi, comme font les chats.

— Ah! mon cher petit, celui-là c'est le plus cruel, le plus sanguinaire des animaux. Il aime le carnage; il fait le mal pour le plaisir de faire le mal : c'est le tigre. Il voudrait te caresser, dis-tu; Dieu te préserve de ses caresses, elles sont mortelles! il est bien heureux que nous soyons séparés de lui par de solides barreaux!... les Indiens le redoutent et ne le chassent que du haut de leurs éléphants.

Ici c'est la hyène féroce; rien ne peut l'apprivoiser. Elle habite les creux de rocher, les cavernes ou de sombres tanières qu'elle se creuse sous la terre; elle attaque tout, hommes, bestiaux, animaux sauvages; et, lorsque ces proies lui manquent, elle déterre les cadavres et s'en repaît. Voilà le loup-cervier qui s'élance avec fureur contre les barreaux de sa cage, comme pour les briser. Voilà le renard au regard brillant, au museau fin; il rêve peut-être au temps où, tout petit, il suivait sa mère dans les fermes pour dévaster les poulaillers, manger les œufs frais, ou boire le sang des poules.

— Ah! tous ces animaux me font horreur, papa, dit Cécile. Allons voir les ours dans les fosses, où ils amusent tout le monde par leurs gentillesses.

En quelques instants on fut auprès des fosses. Une foule nombreuse de soldats, de bonnes d'enfants, de gamins et de flâneurs était là appuyée sur la balustrade, riant à gorge déployée d'une niche d'un gamin.

Au milieu de ces fosses est planté un arbre garni de branches, à l'aide desquelles l'ours monte jusqu'en haut. Un gamin avait attaché un petit pain au bout d'une longue ficelle, et la lançant de toutes ses forces elle s'était passée dans les branches de l'arbre. Le pain pendait, et l'ours, alléché par cet appât, était monté jusqu'à la hauteur où il pendait; étendant sa lourde patte pour l'atteindre, il avait vu le pain remonter trois pieds plus haut, car le gamin avait fort adroitement tiré la ficelle. L'ours continua son ascension; le pain montait toujours : enfin, au moment où l'ours s'asseyait sur la dernière branche, le pain, tiré rapidement par le gamin, était sorti d'entre les branches et descendu dans la fosse; l'ours à son tour était descendu précipitamment pour le chercher. Il y avait déjà une heure que ce manége durait, et l'ours donnait des signes si manifestes et si comiques d'impatience, mêlés de sourds grognements, que tout le monde éclatait de rire.

Les deux enfants partageaient la joie générale; Paul surtout était heureux.

Cécile contemplait deux petits oursons qui, jouant ensemble, se roulaient sur le pavé de la fosse; ils se poursuivaient, se donnaient des tapes, se mordillaient les oreilles; mais l'un d'eux, le plus gros, mordait quelquefois trop fort; le petit frère criait, et la mère, venant mettre le holà, donnait des soufflets de sa patte velue au délinquant, qui s'enfuyait dans un coin.

— Mon père, est-ce méchant les ours? dit Cécile. Tiens, regarde comme ils ont l'air bon. Vois le petit : son frère l'a mordu tout à l'heure : eh bien! il n'a pas de rancune, il retourne jouer avec lui.

— Ma fille, reprit M. de Mauroy, les ours ont le naturel féroce et carnassier. Ceux-ci, qui sont la plupart nés à la ménagerie, ont peut-être moins de férocité; mais cependant il ne faudrait pas s'y fier. Tiens, tu vois celui-ci qui est dans ce coin : eh bien! il y a cinq ans, il dévora un pauvre petit enfant qu'une bonne avait laissé tomber par mégarde, en les regardant jouer.

— Oh! mon Dieu, mon père, cela me fait peur! allons-nous-en bien vite d'ici. Je ne veux plus voir ces horribles bêtes qui n'ont pas pitié des petits enfants.

— Mon père, allons donc voir ce beau bâtiment! c'est là, je crois, que sont les éléphants, dit Paul.

— Et la girafe aussi! reprit Cécile.

Ils s'avancèrent.

— Tenez, mes enfants, allons d'abord voir ce chameau, ou dromadaire à une bosse. C'est le coursier des Arabes. D'une sobriété admirable, d'une force étonnante, puisqu'il porte cinq ou six quintaux, le chameau rend d'immenses services aux Arabes dans les sables brûlants de l'Afrique ou de la Syrie. Aux galeries du Muséum, je vous montrerai empaillé le chameau qui portait le général Bonaparte en Egypte. Il a vécu jusqu'en 1840; il avait eu les invalides. L'empereur est mort en exil; son coursier de l'expédition du Caire est mort au Jardin des Plantes, soigné jusqu'à son dernier jour.

Revenons au chameau, et écoutez une touchante histoire que j'ai lue il y a quelques années.

A Fez, une jeune fille maure était sur le point de se marier, lorsqu'elle tomba si malade que bientôt on désespéra de ses jours. Dans son délire elle demandait instamment une orange pour rafraîchir ses lèvres brûlées par la fièvre ; mais, hélas ! on courut en vain tous les caravansérails de la ville ; il n'y avait pas d'oranges. Il fallait aller à Maroc. Le fiancé hâte sa course. Il arrive à la ville, remplit un filet du fruit désiré par sa fiancée, et repart au galop de sa monture. Le soir il arrive aux portes de la ville où repose celle qu'il aime; le chameau tombe épuisé de fatigue en arrivant au but des désirs de son maître : les portes étaient fermées; mais une sentinelle reçut les oranges et les fit parvenir à la jeune fille, qui fut sauvée.

— Oh ! le fidèle animal ! s'écrie Cécile ; j'espère qu'il n'est pas mort de cette course ?

— L'histoire ne le dit pas, ma fille ; mais je ne crois pas, car la force et le courage de ces bonnes bêtes sont merveilleux.

— Mon père, dit Paul, qui s'était éloigné d'eux, venez voir le petit éléphant qui tend sa trompe, et qui a l'air de me demander à manger !

— Eh bien ! mon ami, donne-lui un morceau de ton pain.

— Prends garde, frère, il te mangera! dit Cécile.

— Non, mes enfants, ne craignez rien; il est bon et caressant. Rarement ces animaux font du mal : on dirait qu'ils ont la conscience de leur force!

— L'éléphant est très intelligent...

— Oui; mais c'est bien laid...

— Ah! ma fille, reprit le père, si tu ne juges jamais les gens que sur la mine, tu risques bien souvent de te tromper; car sous une écorce rude tu trouveras souvent des cœurs d'or, et sous des parures brillantes tu trouveras des cœurs bien misérables.

— Allons voir la girafe, dit Paul; ce petit éléphant est d'une gloutonnerie telle qu'il dévorerait toutes mes provisions. Vous n'aurez plus rien, gourmand!

Ils arrivèrent devant la girafe.

— Mon père, d'où vient cette belle bête?

— Mes enfants, c'est le pacha d'Egypte qui a envoyé celle que voici en 1830. Elle débarqua à Marseille avec plusieurs vaches qui lui servaient de nourrices, car alors elle n'avait pas un an. Elle avait huit pieds de haut à cette époque; aujourd'hui elle en a quinze; ses jambes en ont au moins six. Tenez, voyez, elle broute les feuilles des arbres qui ombragent son immense cage; mais ordinairement elle mange de l'orge, des féverolles et du foin.

— Maintenant voyons rapidement la belle collection des perroquets, car le temps nous presse; puis nous irons voir le jardinier en chef du jardin, qui est de mes amis, et je lui demanderai un beau bouquet pour ma Cécile.

— Ah ! que vous êtes bon, mon père! je vous remercie; hâtons-nous donc.

Ils arrivèrent devant ces cages merveilleuses où est réunie une des plus belles collections de perroquets qui existent.

Là se trouve l'ara-macao, le plus beau des perroquets, la tête rouge, le ventre jaune, les ailes du plus beau bleu.

Le perroquet de la Chine, au plumage étincelant de blancheur, à la huppe jaune. Ces deux perroquets n'ont pas de voix.

— Voilà, dit M. de Mauroy, ce qu'on appelle le véritable perroquet Jacquot : il est ou vert à ventre jaune, ou gris cendré avec quelques plumes d'un rouge vif dans les ailes. Ce sont ceux-là qui parlent le mieux; on est tout étonné de leur entendre dire des phrases entières qu'on ne leur a jamais apprises. Un historien anglais raconte l'histoire d'un perroquet qui appartenait au roi Henri VIII, et qui, tombé dans la Tamise, appela les bateliers à son secours, comme il l'avait souvent entendu faire. Plusieurs bateliers se détachent du rivage, croyant sauver un homme ; ce n'était qu'un perroquet. Le cacatoës est ce grand perroquet à huppe jaune : c'est le plus intelligent, le plus doux, le plus susceptible d'attachement. L'un d'eux, que possédait une dame de mes amies, s'était tellement attaché au fils de la maison, jeune enfant de huit ans, qu'il souffrait de le voir puni, et se plaignait de le voir battu. On envoya l'enfant au collége ; le perroquet, privé de son ami, devint sombre et morose. Quand vinrent les vacances, l'enfant retourna dans sa famille ; le perroquet reconnut sa voix, battit des ailes à sa venue, et reprit toute sa gaîté ; mais, au retour des études, le pauvre animal ne put soutenir une nouvelle absence, et mourut de douleur.

— Allons au jardin, mon père ; cela est triste à penser. J'ai tant envie du bouquet que vous m'avez fait espérer !

— Allons au jardin, ma fille ; voilà justement l'heure où mon ami fait sa promenade du soir.

Ils s'avançaient, lorsqu'ils virent venir à eux un bon vieillard courbé par les années, et dont la tête blanche tremblottait.

— Eh! c'est vous, mon cher de Mauroy; comment êtes-vous donc ici? Ce sont sans doute là vos charmants enfants?... Bonjour donc, mes petits amis.

— Bonjour, Monsieur, reprirent les deux enfants.

— Voulez-vous me permettre de vous embrasser, ma petite fillette?

— Bien volontiers, Monsieur.

Et Cécile tendit sa joue rose.

Je ne connaissais pas ces deux chérubins. A vrai dire, voilà dix ans que je n'ai pas quitté mon jardin. Vous êtes venus vous promener?

— Oui, Monsieur, dit Paul, et nous avons fait le plus charmant voyage; nous avons visité le monde entier.

— Le fait est, mes enfants, reprit le bon vieillard, que tous ces arbres étrangers, que ces plantes exotiques, tous ces tristes exilés, vous donnent une idée très vraie des forêts d'Amérique; ces lacs représentent bien l'Angleterre, et à travers tout cela la nature vivante : dans les arbres, les oiseaux qui gazouillent, qui se poursuivent sur les branches; au pied du rocher, la chèvre qui broute l'amer serpolet; dans l'étang, la cigogne ou le héron qui se baignent, le poisson qui nage. Ah! c'est le monde en miniature, mes enfants! Ici sont les plus belles fleurs : mon jardin, c'est mon salon, c'est ma vie; mes fleurs, ce sont mon calendrier et mon horloge.

— Oh! comment cela, Monsieur? dit avec vivacité Cécile.

— C'est bien simple; certaines de ces fleurs naissent dans certains mois de l'année, et s'ouvrent ou se ferment à des heures déterminées; de cette manière, je sais le mois et l'heure.

— Oh! cela est curieux, et je voudrais être témoin de ce spectacle! dit Paul.

— C'est possible, mon enfant. Voyons, quelle heure est-il? Quatre heures bientôt.

Le vieillard avait consulté sa montre.

Il les conduisit à un carré, et leur montra une plante d'un rouge vif.

— Tenez, mes enfants, voici l'alkenkenge de juin; à quatre heures il se reposera.

En effet, quelques instants après, la fleur resserra peu à peu ses pétales, replia ses feuilles, et sembla s'endormir.

— Oh! c'est admirable! dit Cécile.

— Ici à côté, continua le vieillard, voici le pavot à tige nue qui ouvre sa corolle à six heures du matin; voilà le crépis des Alpes qui s'éveille à neuf heures. Il y en a ainsi pour toutes les heures, et l'on pourrait appeler cela l'horloge des fleurs.

— Maintenant, Mademoiselle, reprit le vieillard, permettez-moi de vous offrir ce faible échantillon de nos merveilles d'horticulture.

Et il offrait à Cécile une botte de fleurs que venait d'apporter un jardinier comme par enchantement.

La petite fille bondissait.

Toutes les plus belles fleurs du printemps y étaient entassées; elle les respirait avec bonheur, lorsqu'elle sentit remuer au centre du bouquet; et, entr'ouvrant les branches, elle vit un nid de chardonnerets, avec trois petits : le père et la mère étaient couchés les ailes étendues sur le nid.

Cécile, rouge de plaisir, embrassa le vieillard, et bientôt après ils partirent emportant leurs trésors. Paul avait reçu un petit lapin blanc qui vit encore, et qui est aussi apprivoisé que les chardonnerets.

— Merci, bon père, dirent les enfants en rentrant à la maison. Quelle belle journée! que de plaisirs à la fois! nous nous souviendrons longtemps de notre voyage autour du monde.

LOUISE

PENDANT les horreurs de la peste qui ravagea la ville de Marseille, en 1720, une famille de commerçants se disposait à abandonner la cité désolée pour se réfugier dans Lyon, que le fléau n'avait pas atteint, auprès de proches parents, lorsque le père fut frappé presque au moment du départ, et bientôt après il succomba. La mère, madame Durivage, resta donc seule avec sa fille Louise, âgée de cinq ans; mais déjà elle portait en elle les germes de la peste, et quelques jours après, sentant sa fin approcher, elle appela son enfant, et la pressant sur son cœur, elle lui dit :

— Je t'embrasse pour la dernière fois, mon enfant; je te laisse seule au monde; tu seras déshéritée de mes caresses. Tous les autres enfants auront une mère, toi seule tu n'en auras pas.

Mon Dieu, que deviendras-tu quand je ne serai plus là! Oh! s'il est vrai que la vie des enfants est confiée aux soins des anges gardiens, je supplierai Dieu de m'envoyer près de toi, et de venir veiller à ton berceau.

Et elle déposa de ses lèvres bleues un baiser sur le front de la petite fille, qui ne comprenait pas, et qui lui disait de sa petite voix douce :

— Mère, quand tu ne seras plus malade, nous irons chez ma tante de Lyon.

La pauvre femme, à ces mots, fondit en larmes ; puis se tournant vers ceux qui l'assistaient à ses derniers moments, elle leur dit :

— Je vous en prie, Monsieur (elle s'adressait au médecin), envoyez mon enfant à Lyon, chez madame Jeanne Mercier : c'est ma sœur ; elle l'élèvera, j'en suis sûre, car elle n'a pas d'enfant et en désire un depuis longtemps. Vous trouverez dans un portefeuille sa petite fortune réalisée ; vous la confierez à quelqu'un de sûr, et j'espère que tout réussira au gré de mes désirs.

Puis elle s'éteignit sans souffrances ; et pendant qu'elle mourait, son enfant riait et chantait dans la pièce à côté. Elle fut enterrée à côté de son époux.

Le médecin suivit les dernières volontés de

madame Durivage, et bientôt après la petite Louise partit de Marseille, accompagnée d'un homme qui s'était chargé d'elle, et qui, moyennant une bonne récompense, devait la remettre à madame Mercier de Lyon. Avant le départ, le docteur avait attaché au cou de Louise une petite croix d'or que portait sa mère, en lui disant :

— Garde bien cette croix, mon enfant ; elle appartenait à ta mère, et elle pourrait servir à te faire reconnaître si jamais tu venais à te perdre. Ne la laisse voir à personne, et surtout ne souffre pas qu'on y touche.

L'enfant promit et partit.

Le voyage se fit sans encombre. L'homme qui s'était chargé de Louise en avait les plus grands soins. Le babil charmant de la petite fille l'amusait beaucoup. Après huit jours de marche ils arrivèrent à Lyon. Là cet homme se prit à réfléchir. On lui avait promis une bonne récompense, mais il avait entre ses mains une fortune comparativement à ce qu'on lui donnerait. Il lui vint à l'idée d'abandonner l'enfant, et de s'enfuir avec les billets de caisse que contenait le portefeuille. Cet homme céda à cette affreuse pensée de voler une pauvre orpheline; il attendit le soir, prit l'enfant par la main, et la conduisit sur une immense place qu'on appelle aujourd'hui place de Bellecour, puis lui dit :

— Ma petite Louise, attends-moi, je vais revenir.

Et il s'éloigna. Mais il faut le dire à la louange de cet homme, il se retourna plusieurs fois, regardant l'enfant qui lui envoyait des baisers.

Une heure se passa : Louise attendait toujours, regardant d'un œil inquiet les rares passants. Elle commençait à avoir peur ; de grosses larmes roulaient dans ses yeux. Un militaire qui rentrait à la caserne lui demanda :

— Que fais-tu là, petite?

— J'attends un Monsieur qui m'aime bien, et qui va revenir me chercher.

Le soldat s'en alla sans attendre davantage. En ce moment neuf heures sonnaient à l'horloge de l'hôtel.

Deux vieilles femmes passèrent et se dirent :

— Tiens, voyez donc, commère, cette petite fille qui est là toute seule!

— Quelque petite vagabonde, dit l'autre.

— Ou quelque enfant perdu, reprit la première. Si nous l'emmenions chez nous?

— Ah bah ! encore un fardeau de plus ! La misère est assez grande, mère Gilles. Menons plutôt cette petite à la Charité. Belle invention, ma foi, que cet hospice des enfants trouvés !

Et les deux vieilles s'approchèrent de Louise, et voulurent l'entraîner vers l'hospice de la Charité, dont on voyait le clocher se dessiner en noir sur le bleu du ciel, au fond de la place. La petite fille cria, en disant qu'elle attendait son ami. Cependant elle avait peur, et quand les femmes s'éloignèrent elle se mit à sangloter bien fort.

Un monsieur et une dame, venant du quai du Rhône, et paraissant se diriger vers la rue Saint-Dominique, traversaient la place en ce moment.

— Pauvre sœur! disait la dame, elle est morte! Mon Dieu, que je suis malheureuse de n'avoir pu recevoir ses derniers adieux!

Et elle pleurait.

— Allons, reprit le Monsieur, ne te chagrine pas ainsi, voilà sa fille qui nous arrive; nous n'avons pas d'enfant : eh bien! tu l'élèveras comme si elle était à nous, et elle t'aimera.

Les sanglots de Louise interrompirent leur conversation. Ils s'approchèrent d'elle, et voyant cette pauvre enfant accroupie, la dame se baissa, et la caressant, elle lui dit :

— Comment te trouves-tu là à cette heure, ma petite?

— Mon ami m'a laissée il y a bien longtemps; il m'avait promis de venir me chercher, et il n'est pas venu.

— Et comment s'appelle celui que tu nommes ton ami?

— Il s'appelle Joseph.

— Mais son autre nom?

— Je ne sais pas.

— Et où demeures-tu, ma petite?

— Dans une maison.

— Mais où?

— Ah! je ne sais pas.

— Emmenons-la avec nous, reprit la dame, et demain sans doute elle sera réclamée. Veux-tu, mon mari?

— Certainement; peut-on laisser un enfant à la rue? Veux-tu venir avec nous, ma petite?

— Oh! oui, je veux bien, car j'ai peur, et j'ai bien faim.

Les deux bons époux l'emmenèrent.

Quand ils furent chez eux, rue de la Grenette, ils la firent souper avec eux, restant en extase devant sa gentillesse.

— Veux-tu me dire ton nom, ma petite amie?

— Oui, Madame; je m'appelle Louise.

— Et ton papa, comment s'appelle-t-il?

L'enfant sembla réfléchir, puis elle dit :

— Je ne sais pas.

— Et ta maman, sais-tu son nom?

— Oui; elle s'appelait petite maman.

— Où est-elle?

— Ah! elle est morte, reprit l'enfant sans pleurer, car elle ne comprenait pas ce qu'elle disait; elle est morte, et on l'a emportée vers papa.

— Et puis tu es donc restée toute seule?

— Oui, et l'on m'a emmenée dans une voiture pendant plusieurs jours, et je me suis bien ennuyée; puis mon ami m'a menée sur la place, et m'a dit :

— Attends-moi là, petite... et il n'est pas revenu.

— Veux-tu rester avec nous, nous te garderons jusqu'à ce qu'on vienne te réclamer?

— Je ne demande pas mieux.

Le souper les attendait, ils se mirent à table.

Louise avait le cœur bien gros; mais elle fut bientôt rassurée par l'air de bonté de la dame, et elle mangea de bon appétit. Puis, comme on lui faisait beaucoup de questions, elle put à peine y répondre; car le sommeil appesantissait ses paupières, et elle s'endormait sur sa chaise. La dame lui prépara un petit lit et la coucha. Elle aperçut en la déshabillant un petit sachet de soie pendu à son cou, et lui demanda :

— Qu'est-ce cela, ma petite?

— Oh! c'est à moi, c'est maman qui me l'a donné, et l'on m'a bien recommandé de ne le laisser ni prendre ni même toucher par personne.

Et de ses deux petites mains l'enfant couvrit le sachet qui renfermait sa croix d'or.

La bonne dame respecta ce secret, et laissa Louise paisiblement endormie.

— Pauvre petit bijou, dit-elle en rentrant vers son mari, qu'elle est intéressante! Ah! si nous n'avions pas la fille de ma pauvre sœur, à qui je dois servir de mère et qui va bientôt arriver, je crois que nous ne nous repentirions pas de garder celle-là.

— Oui; mais deux enfants, c'est beaucoup; nous ne sommes pas riches, reprit monsieur Mercier, et il faudra bien abandonner celle-là.

— Comment! l'abandonner?

— Certainement; si elle n'est pas réclamée, je la conduirai moi-même à l'hospice de la Charité.

— Oh! mon ami, un enfant de plus ou de

moins, c'est si peu de chose! Nous en désirions un : eh bien! le bon Dieu nous en envoie deux à la fois; il faut nous soumettre à sa volonté.

— Ah! ce n'est pas le présent qui m'inquiète : quand il y a du pain pour une, il y en a bien pour deux; mais dans l'avenir...

— Nous sommes jeunes, nous travaillerons, dit la dame; et puis nous apprendrons à cette petite un bon métier, et elle nous aidera dans les soins du ménage; puis quand elle sera en âge nous la marierons... à quelque brave homme qui la rendra heureuse.

— Ta, ta, ta... te voilà partie. Pardi, tu devrais déjà songer au repas de noces. Nous verrons; je ne demande pas mieux que de la garder. Que Dieu nous assiste!

— Tu es un brave homme, mon ami.

Et madame Mercier embrassa son mari sur les deux joues.

Le lendemain la petite Louise fut choyée, caressée par les bons bourgeois. Sa naïveté, sa candeur, intéressaient en sa faveur; on lui fit vingt fois répéter sa petite histoire. Les commères du quartier enviaient le bonheur de madame Mercier. Cependant elle ne faisait pas oublier celle qu'on attendait, et l'enfant voyait avec chagrin les préparatifs que l'on faisait pour la recevoir. Un petit lit à rideaux blancs lui fut préparé; une belle poupée fut achetée par M. Mercier, et lorsque Louise, la regardant avec convoitise, demanda timidement si c'était pour elle, madame Mercier lui répondit :

— Non, ma petite; c'est pour ma petite nièce Louise qui va bientôt venir ici.

— Moi aussi je m'appelle Louise, et je voudrais bien une poupée comme cela !

— Plus tard, quand ma nièce sera ici, vous jouerez ensemble, et elle te la prêtera.

— Non, non, reprit l'enfant ; je la veux pour moi toute seule, ou je n'en veux pas.

Et les larmes lui vinrent aux yeux.

— Eh bien! je te la prêterai aujourd'hui si tu veux me montrer ce qu'il y a dans le sachet que tu as pendu au cou.

—Non, je ne veux pas; on m'a bien défendu de le montrer; et si je faisais cela, ce serait mal, car je désobéirais, et le bon Dieu n'aime pas les enfants qui ne sont pas obéissants.

— C'est très bien, ma petite ; cependant tu aurais une belle poupée.

— Oui ; mais le bon Dieu me punirait. J'aime mieux me passer de la poupée.

Cette réponse charma madame Mercier, qui insista néanmoins pour voir le contenu du petit sac.

— Je veux bien te le dire tout bas à l'oreille, dit Louise, mais à toiseule, parce que tu es bien bonne et que tu m'aimes bien. C'est une petite croix d'or que ma mère portait toujours au cou; quand elle a été morte, un Monsieur la lui a prise, et, après l'avoir bien lavée, il me l'a donnée avec ce beau cordon.

Madame Mercier se contenta de cette explication. C'était ce jour-là que devait arriver la nièce, et l'on s'occupa plus de celle qui allait arriver que de Louise, qui fut triste toute la journée. Vers le milieu du jour, madame Mercier et son mari allèrent à la voiture de Marseille qui devait arriver vers midi. On laissa Louise à la maison. Lorsqu'elle se vit seule, l'enfant se mit à pleurer, appelant sa mère, et la priant de venir la chercher pour l'emmener avec elle dans la terre; puis, prenant une résolution subite, elle partit pour aller chercher sa mère. Elle ouvrit la porte qui n'était fermée qu'avec un loquet, et descendit dans la rue; puis elle traversa la place des Cordeliers, et arriva bientôt sur le quai du Rhône. Là, elle crut se reconnaître, et suivant le cours du fleuve elle arriva après deux heures de marche à l'extrémité de la presqu'île formée par le confluent du Rhône et de la Saône. Ne voyant plus que de l'eau, car alors il n'y avait pas de pont en cet endroit, Louise s'arrêta épuisée par la fatigue et le besoin. Personne ne venait en cet endroit; elle s'assit sur la terre et se mit à sangloter en appelant sa mère.

Cependant madame et M. Mercier, après quelques heures d'attente, avaient vu arriver la voiture; mais elle ne contenait ni leur nièce, ni aucun autre enfant. Ils s'étaient informés au bureau de la voiture, et on leur avait dit qu'il était arrivé l'avant-veille un homme de tel nom, accompagné d'un enfant, mais qu'on ne savait pas ce qu'ils étaient devenus. Un soupçon vague traversa l'esprit de madame Mercier, et elle vint en hâte à la maison pour chercher à l'éclaircir. Elle arriva chez elle, et son premier soin fut d'appeler Louise ; mais elle ne répondit pas : elle chercha partout, et, ne la trouvant pas, elle pensa qu'elle était descendue dans la cour pour jouer : allant à son bureau, elle y prit la lettre qui lui annonçait l'arrivée de sa nièce; dans la douleur d'apprendre la mort de sa sœur, madame Mercier n'avait pas tout lu.

Il y avait un *post-scriptum* ainsi conçu :

« L'enfant porte à son cou dans un sachet bleu une croix d'or que sa pauvre mère avait lorsqu'elle est morte : il vous sera facile de la reconnaître à ce signalement. »

— Ah! mon Dieu! s'écria madame Mercier, mais c'est ma nièce, c'est ma Louise que j'ai trouvée hier abandonnée sur la place, et je ne l'ai pas reconnue! Rien dans mon cœur ne m'a dit : C'est la fille de ta sœur!... Mais pourquoi était-elle seule?... et où est-elle maintenant?... Louise! Louise!... Elle appela en vain; Louise était bien loin. Madame Mercier descendit, et rencontrant son mari qui rentrait, elle lui dit tout en deux mots, et les voilà cherchant dans le quartier cette petite fille qu'ils attendaient avec tant d'impatience et qu'ils avaient recueillie sans la connaître.

Un tourneur qui était voisin des époux Mercier avait bien vu passer une petite fille; mais la supposant du voisinage il n'y avait fait aucune attention. Ils arrivèrent au quai : un charbonnier l'avait vue et lui avait dit :

— Où vas-tu comme ça, petite?

L'enfant avait répondu :

— Je vais bien loin chercher maman.

Et il indiqua qu'elle avait suivi le bord de l'eau. Madame Mercier courait le long de la chaussée comme une folle, appelant Louise; la nuit approchait, et elle tremblait de ne pas la retrouver. Enfin, au pied d'un arbre, elle aperçut quelque chose, elle courut : c'était l'enfant.

qui, à bout de sanglots et de larmes, s'était endormie : madame Mercier la prit dans ses bras, et la couvrant de baisers, elle lui dit :

— Te voilà donc, ma chère petite ! Dieu ! que tu m'as causé de chagrins et de tourments ! Pourquoi nous as-tu donc quittés ?

— Tiens, tu voulais avoir une autre petite fille que vous auriez mieux aimée que moi, et qui aurait eu tous les joujoux.

— Eh bien ! reviens ; tout sera pour toi.

— Bien vrai ? dit l'enfant.

— Bien vrai ; et je n'aurai pas d'autre enfant que toi. Tu es ma petite Louise, la fille de ma sœur. Tiens, reconnais-tu cette croix ?

Et madame Mercier lui montra celle qu'elle avait sur sa poitrine.

— Ah ! c'est la mienne ! dit l'enfant en voulant la prendre.

— Mais non, c'est la mienne ; regarde.

L'enfant porta la main à son cou, incertaine, émue, en tira le petit sachet bleu qu'avait vu madame Mercier, et montrant sa croix, elle s'écria :

— C'est la même ! tiens, elles sont sœurs !

— Oui, reprit madame Mercier, comme j'étais celle de ta pauvre mère. Maintenant veux-tu être ma fille ?

— Je le veux bien, dit l'enfant en se jetant dans ses bras.

Louise fut ramenée à la maison ; elle fut installée dans le petit lit à rideaux blancs ; la belle poupée fut pour elle.

Elle était bien heureuse, la pauvre petite ; elle était bien bonne aussi : tout le monde l'aimait ; mais elle était bien pauvre, car monsieur Mercier avait fait de mauvaises affaires et s'était remis ouvrier. Louise aidait bien le plus qu'elle pouvait sa mère, car elle appelait ainsi madame Mercier, dans les travaux qu'elle était obligée de faire ; mais elle était trop petite, et ne pouvait être d'une grande utilité.

Le bon Mercier travaillait nuit et jour, et lorsque le samedi il rapportait le produit de son travail à la maison, il y en avait toujours un peu pour Louise. La pauvre enfant amassait peu à peu ce petit trésor pour acheter quelque chose à sa mère adoptive ; cependant elle en donnait toujours une partie : le dimanche, en allant à la messe à Saint-Bonaventure, elle ne manquait jamais de donner deux sous à un bon vieillard courbé par les années et la misère, qui demandait l'aumône à la porte de l'église. Louise s'était prise de pitié pour ce pauvre homme dont la main tremblait lorsqu'elle lui donnait son offrande, et pour rien au monde elle n'aurait eu garde de l'oublier. Le vieux mendiant la remerciait en mettant la main sur son cœur, et en disant :

— Dieu vous le rende, ma bonne enfant.

Huit ans s'étaient écoulés ; jamais Louise n'avait refusé au vieillard son aumône : mais, hélas ! il fallut cesser. M. Mercier fit une longue maladie qui épuisa toutes les ressources de la pauvre famille, et quand Louise alla prier pour son bienfaiteur, elle ne put soulager la misère du pauvre de Saint-Bonaventure. Il lui tendit la main comme à l'ordinaire, et Louise, les larmes aux yeux, lui répondit :

— Pauvre vieillard, je n'ai plus rien !

— Si, répondit-il ; cette larme est un trésor, et elle me fait plus de bien que tout l'or du monde. Merci, chère fille ; Dieu vous récompensera.

La misère cependant augmentait dans le triste ménage, et Louise résolut de se mettre ouvrière chez une grande couturière pour aider ses parents de son travail. Elle avait alors quinze ans ; elle était grande, alerte et courageuse : mais madame Mercier ne voulut jamais y consentir. Louise alors trouva de l'ouvrage à faire chez elle, et souvent on la vit passer la nuit au travail, pour augmenter le bien-être de son oncle et de sa tante. Le jour venait, et sa petite lampe brûlait encore. Alors elle l'éteignait, arrangeait son lit de manière à ce qu'on ne s'aperçût pas qu'elle avait passé la nuit, et se remettait à l'ouvrage comme si elle venait de se lever; puis, lorsque sa tante la trouvait pâle et les yeux fatigués, elle lui disait :

— Louise, tu travailles trop, cela te fera mal.

— Non, mère, sois tranquille ; je me porte très bien.

Lorsqu'elle gagna quelque chose, elle put renouveler ses aumônes, et le vieillard renouvela ses bénédictions ; mais un jour elle ne le vit plus, il avait disparu de la porte de Saint-Bonaventure, et personne ne put lui donner de ses nouvelles. La pauvre jeune fille s'était attachée à cette misère ; elle fit des recherches, mais sans résultat.

Un mois s'était écoulé, et Louise travaillait un jour dans sa petite chambre. M. Mercier était allé se promener avec sa femme et essayer de reprendre à l'air vivifiant du midi ses forces perdues pendant une maladie de plus de six mois. Le médecin avait bien ordonné la campagne, mais les ressources épuisées ne permettaient pas ce surcroît de dépense. On frappa à la porte, et Louise, qui courut ouvrir, vit entrer une vieille femme qui lui dit :

— Mademoiselle, le mendiant de Saint-Bonaventure est bien malade ; il demande à vous voir.

Louise aussitôt prit sa mante et suivit la vieille.

— C'est donc pour cela, disait-elle, que je ne l'ai pas revu.

— Ah! sa paralysie l'a repris, Mademoiselle, et le pauvre cher homme n'ira pas loin, je pense.

— Oh ! mon Dieu ! courons vite.

Elles arrivèrent dans une horrible maison de la rue Ferrandières ; Louise monta rapidement un escalier noir et humide, tandis que la vieille s'arrêtait à chaque marche en lui criant :

— Vous allez vous casser le cou, ma chère demoiselle ; attendez-moi donc ; vous ne pourrez jamais trouver la chambre du père François.

En un instant, elle arriva tout essoufflée, tandis que Louise impatiente l'attendait sur le dernier palier. Elles arrivèrent à travers un long corridor à une horrible mansarde où gisait sur un grabat le père François, comme l'avait appelé la vieille femme.

— Ah ! c'est donc vous enfin, mon enfant, s'écria-t-il en l'apercevant. Il y a bien longtemps que je vous attends. Je ne savais ni votre nom, ni où vous demeuriez. et la mère Toupinel a eu bien de la peine à vous retrouver d'après les indices que je lui avais donnés. Voilà un mois qu'elle vous cherche. Je suis bien heureux de vous revoir. Maintenant vous viendrez quelquefois, n'est-ce pas ?

— Oui, mon ami, murmura Louise.

Elle était effrayée de tant de misère : sur une paillasse elle voyait un cadavre vivant, à peine couvert de quelques lambeaux de couvertures.

Le vieillard reprit :

— Je vous ai fait venir, mon enfant, d'abord pour vous voir, et ensuite pour savoir vos noms, car je veux vous faire mon héritière...

Louise sourit tristement en jetant un regard sur le chétif mobilier.

— Pauvre héritage en effet, reprit le mendiant ; mais c'est égal, c'est pour vous, et je vous supplie de le garder pour l'amour de moi. Dites-moi maintenant vos noms.

— Je m'appelle Louise Durivage.

— Ah ! mon Dieu !... attendez donc... n'êtes-vous pas de Marseille ?

— Oui, et je suis venue bien jeune à Lyon chez ma tante Mercier, après la mort de mes parents.

— Vous fûtes amenée à Lyon par un homme...

— Oui, et qui m'abandonna après m'avoir pris un portefeuille qui contenait des papiers de famille et quelque argent en billets de caisse.

— C'est bien cela. Oh! que la Providence est grande! s'écria le vieillard en élevant ses mains vers le ciel. Ecoutez bien, mon enfant: j'étais à l'hôpital il y a environ huit ou neuf ans, je ne sais pas au juste. On y apporta un homme qui avait reçu sur la route de Vienne plusieurs coups de couteau. On le plaça dans un lit contigu au mien, et sentant sa fin prochaine, il me dit :

— Dieu est juste ; j'ai volé un pauvre enfant qui m'était confié, et je l'ai abandonné en m'enfuyant avec le produit de ce vol ; mais des voleurs m'ont assailli sur la route de Vienne, et sans le secours d'un passant qui a pris ma défense, j'étais mort; mais j'ai pu m'enfuir, et me voici à l'hôpital. Voilà le portefeuille de cet enfant; il vous donnera des renseignements sur sa famille, qui habite... Il ne put achever; le sang lui remonta au cœur et l'étouffa. Il m'avait remis un portefeuille que voici.

Et le vieillard tire de dessous son chevet un papier qui enveloppait le portefeuille.

— Je vous le rends tel qu'il me l'a donné; je

n'y ai jamais touché. Je n'avais pu vous retrouver, car il n'y a pas dans Lyon de famille Durivage, et je ne savais pas où vous étiez. Voilà le dépôt intact, mon enfant.

— Oh! merci, reprit Louise; merci, bon et brave homme : que Dieu vous bénisse!

Et Louise s'en alla sans avoir pu faire accepter aucune aumône au mendiant.

Rentrée à la maison, elle ouvrit ce vieux souvenir de sa famille : elle y trouva dix mille livres en bons de caisse, et des papiers qui établissaient sa filiation.

Lorsque les deux époux rentrèrent de la promenade, ils trouvèrent Louise qui les attendait le front rayonnant de joie et de bonheur.

— Mes chers parents, leur dit-elle, depuis bien longtemps je suis à votre charge; aujourd'hui c'est mon tour de vous prouver ma reconnaissance et mon amour : tout ceci vous appartient.

Et elle déposa devant eux sa petite fortune, en leur racontant par quel heureux hasard elle l'avait retrouvée.

Madame Mercier pleurait de joie en pensant au bien-être qui allait revenir dans la maison; mais son mari dit à Louise :

— C'est la fortune que t'a laissée ton père.

ma chère enfant; c'est ta dot: elle doit servir à t'établir et non à relever notre pauvreté.

— Comment! s'écria Louise, vous avez partagé votre pain avec l'orpheline, et vous ne voulez pas, aujourd'hui que la fortune lui sourit, lui permettre de partager avec vous! Ah! mon oncle, je vous en supplie, ne me faites pas ce cruel chagrin.

Et elle serrait les mains du brave homme, les baignait de ses larmes.

M. Mercier, touché de tant de reconnaissance, consentit à partager.

Louise retourna souvent chez le bon vieillard; mais ni prières ni supplications ne purent le décider à accepter la récompense de son honnêteté. Son état cependant empirait de jour en jour; la maladie faisait des progrès effrayants. Bientôt la paralysie gagna tous ses membres, et il mourut comme il avait vécu, seul et abandonné.

Un commissaire vint dans son grenier et lui fit faire un modeste enterrement. On trouva dans le tiroir de sa table un papier crasseux sur lequel était écrit : « Voici mon testament. » Il donnait son mobilier à Louise. Tout fut transporté chez elle, mais on relégua au grenier ces vieux et sales débris. Louise ne voulut garder avec elle qu'une vieille commode à ornements de cuivre qu'elle plaça dans sa chambre comme un souvenir du mendiant. Pour la rendre plus digne d'elle, elle se mit à la nettoyer, car elle conservait une poussière de plus de dix ans. En frottant le cuivre pour le rendre luisant, Louise fit jouer un ressort, et à sa grande surprise un tiroir en double fond sortit des flancs du meuble et s'ouvrit. Louise effrayée recula ; mais quelle ne fut pas sa surprise! il était plein de louis d'or. Un mot était écrit d'une main mal assurée : « C'est pour vous, noble enfant, chère Louise, qui pendant dix ans avez constamment donné au pauvre de Saint-Bonaventure. Que pour vous le proverbe soit vrai :

QUI DONNE AUX PAUVRES PRÊTE A DIEU.

Louise referma doucement sa cachette ; puis, sans rien dire, elle alla chez un bon vieux avocat ami de la famille Mercier, elle lui conta toute cette histoire, en le priant de l'aider dans un cadeau qu'elle voulait faire à ses parents.

Ils convinrent donc d'acheter une belle maison de campagne, dont Mercier avait tant d'envie. Le vieil avocat se chargea de tout. A Collonges, sur le bord de la Saône, s'élevait un beau domaine; ce fut celui qu'on acheta avec l'or du mendiant. Louise, avec ces attentions que les femmes seules comprennent, le remplit de tout ce qui peut rendre la vie heureuse. Mercier aimait à charpenter; il eut un bel atelier de menuiserie. Madame Mercier eut une serre de fleurs rares et précieuses; puis, quand tout fut prêt, le vieil avocat vint dire à Louise :

— C'est fini, quand vous voudrez en prendre possession.

— Eh bien! arrangez une promenade pour dimanche; ce sera charmant.

Tout fut fait ainsi qu'il avait été dit. Le dimanche matin, toute la famille, accompagnée d'amis intimes, remontèrent la Saône dans un batelet : arrivés devant Collonges on parla de déjeuner, et l'avocat proposa de descendre chez un de ses amis. On entra, la maison était déserte; mais dans la salle à manger un splendide déjeuner était servi. Un domestique entra, il portait une large enveloppe à l'adresse de M. Mercier, qui, ne comprenant rien à cela, rompit le cachet et trouva un acte de vente en règle de la part du propriétaire, avec une quittance d'une somme de cinquante mille francs. Le brave Mercier ne pouvait en croire ses yeux; et sa femme, qui cherchait à deviner dans les yeux de Louise le mot de son énigme, ne revenait pas de sa surprise. Tout s'expliqua pour le mieux. Après le déjeuner, qui fut gai, on visita la propriété, qui était très belle, et les deux époux ne cessaient de s'extasier sur leur bonheur.

Ils y ont passé leur vie, et dans sa vieillesse Mercier a écrit cette histoire. Je l'ai trouvée dans la maison de Collonges, que mes parents avaient achetée juste cent ans après, c'est-à-dire en 1828.

Dieu veuille qu'ils y passent leur vie aussi tranquilles et aussi heureux que l'ont été leurs prédécesseurs.

ISABELLE.

Le plus mauvais service que l'on puisse rendre aux enfants, c'est de les gâter, de les cajoler, de s'extasier devant leurs bavardages, de paraître enchanté de tout ce qui sort de leur bouche, de les laisser toucher à tout, et de craindre même d'arrêter leurs petites colères, dans l'idée qu'on pourrait les rendre malades : mieux vaudrait les maltraiter sans sujet, les gronder, les punir.

Par la suite, les enfants, élevés durement, vous en sauront plus d'obligation que ceux que vous aurez plongés dans une perfide mollesse, car vous les livrez sans force à toutes les vicissitudes du sort.

Lisez donc avec fruit cette historiette.

Isabelle, fille unique, était, à l'âge de dix ans, une *enfant gâtée* dans toute la force du terme ; ses moindres caprices étaient des ordres dans la maison ; elle commandait en petite reine, et faisait trembler tous les domestiques, qui la redoutaient comme le feu, et ne la désignaient que sous le nom du *petit Monstre*.

Son père, son malheureux père, aveuglé par sa tendresse, avait la faiblesse de prendre pour des traits de génie ce qui n'était que des traits de cruelle malice et même de cruauté. Par exemple, madame de Saint-Hilaire, sa mère, avait deux charmantes tourterelles qui, le cou orné de nœuds de rubans roses venaient, à ses ordres, voltiger sur sa tête et se fixer sur son doigt; eh bien! Isabelle, jalouse que d'autres objets qu'elle occupassent le cœur de sa maman, jura de les faire périr, et, à cet effet, glissa quelque chose de malfaisant dans leur manger.

Les deux pauvres tourterelles moururent en un clin d'œil et on attribua à une prétendue maladie ce qui était le résultat de l'action la plus noire. Cependant, personne parmi les domestiques ne fut sa dupe, principalement Justine, sa femme de chambre, qui l'avait vue glissant dans la graine des tourterelles une poudre mortelle aux oiseaux.

Justine s'en ouvrit même à Monsieur : « *Eh*
» *bien ! quand cela serait, Justine*, dit ce père
» fanatique des vices de sa fille, *je ne verrais*
» *là qu'une nouvelle preuve qu'Isabelle veut*
» *une place sans partage dans le cœur de sa*
» *mère.* »

Justine se retira confuse des suites de son zèle malencontreux; mais notre *petit monstre*, qui épiait soigneusement les moindres actions de tous les domestiques, et les accusait souvent sans raison pour les faire chasser, finit par apprendre l'entretien de Justine avec son père, et bientôt, irritée au-delà de toute expression e[illegible] jure la perte de cette fille sage et dévouée.

Pour y parvenir elle glisse, dans ses matelas, n collier de perles qu'elle l'accuse de lui avoir olé. — Perquisitions faites dans la chambre e Justine, dans son lit, le collier fut trouvé ; la auvre innocente, affreusement calomniée, est envoyée honteusement.

Isabelle triomphe; mais sachez, enfants, que e triomphe des méchants est toujours de très ourte durée.

Quelques années s'écoulent encore, et les léfauts d'Isabelle n'en deviennent, chaque jour, que plus odieux et plus insupportables. C'est n démon qui, d'un ton insolent, prétend qu'on est trop heureux de la servir; elle méprise urtout les pauvres; leur aspect seul, leurs ambeaux dégoûtants, dit-elle, blessent ses regards.

L'insensée!!! elle ne sait même pas que l'œure la plus agréable à Dieu est de sourire aux ndigents, d'entrer dans leurs peines, de secourir leur misère, et d'écouter avec intérêt leurs plaintes! Dieu aime les pauvres! Jésus-Christ a vécu dans la pauvreté : *Mon royaume*, disait-il à ses apôtres, *n'est pas de ce monde ;* et l'histoire nous apprend que les plus grands monarques s'honoraient d'aller visiter les pauvres malades, et de secourir l'indigence.

Ainsi la charité, la bonté, enfants, doivent être les seules qualités dont vous puissiez justement être orgueilleux ; car, au moment où vous vous y attendez le moins, votre fortune s'écroule, et vous avez bientôt besoin de ceux que vous avez le plus méprisés.

Si vous êtes dans la richesse, soyez donc modestes, doux et bons avec les domestiques ; je ne saurais trop vous le répéter : qui peut, d'ailleurs, assurer qu'aucun revers ne viendra renverser l'édifice fragile de l'opulence?...

Ecoutez bien, mes petits amis, ce qui arriva à la méchante Isabelle, et soyez orgueilleux ensuite si vous l'osez.

Un grand luxe régnait dans l'hôtel de M. de Saint-Hilaire ; mais, tout-à-coup des huissiers, des créanciers fondent sur la maison, saisissent les meubles ; c'est une faillite énorme complètement déclarée. Madame de Saint-Hilaire, frappée comme d'un coup de foudre, meurt subitement ; M. de Saint-Hilaire est conduit en prison; et enfin, Isabelle, qui commandait en tyran dans l'hôtel, se voit l'objet de toutes les moqueries ; le dernier des laquais lui reproche sa dureté, sa barbarie ; son abaissement cause la joie commune, et ses pleurs, qui coulent en abonlance, ne peuvent émouvoir de compassion tous es railleurs qui l'entourent.

Voilà le digne prix qu'on recueille de son nsolence, quand une fois on tombe dans l'adersité; au lieu que, si l'on est doux et indulgent, vous voyez partout les larmes couler des yeux de ceux qui vous ont servis.

Isabelle, justement châtiée, était loin de causer de pareilles consolations ; au contraire, c'est un concert général de malédictions contre elle.

Dans cette rumeur, Justine, l'infortunée Jusine, se présente à l'hôtel; elle rapportait des dentelles qu'elle avait raccommodées pour madame de Saint-Hilaire, et que cette dernière ui donnait en secret pour l'indemniser du tort qu'on lui avait fait; elle s'informe de ce qui se passe ; on lui raconte tout en peu de mots, et on lui montre, avec de nouveaux airs de dérision, l'orgueilleuse Isabelle fondant en larmes, et n'ayant plus le sein d'une mère indulgente pour y verser ses chagrins.

Sur ces entrefaites, les scellés sont apposes sur tous les appartements; Isabelle, naguère si opulente, n'a donc plus un seul oreiller pour poser sa tête : son lit même est mis sous le sceau de la justice; tout appartient désormais aux créanciers : ainsi, dans cette situation douloureuse, que devenir, que faire?

Isabelle fond en larmes; la tête penchée sur son sein, ses sanglots redoublent, elle va étouffer dans sa douleur; c'est alors que la bonne, l'excellente Justine, oubliant les torts affreux de son ancienne maîtresse, ne voit plus que l'horreur du désespoir où elle est plongée :

« Mademoiselle, lui dit-elle, si jamais on a pu me croire coupable du vol du collier que vous aviez voulu m'imputer, c'est en ce moment que je veux prouver à tous ceux qui nous entourent que je suis innocente, en tâchant de vous faire autant de bien que vous avez cherché à me faire de mal : venez; mon logement, mon mobilier sont modestes, il est vrai, mais la plus grande propreté y règne, et quelques vertus en font l'ornement. Je vous enseignerai le travail, qui est l'unique sauvegarde de la sagesse, et dans notre médiocre position, si vous voulez faire quelque bien vous le pourrez encore; car un bon cœur trouve toujours les moyens de pratiquer la bienfaisance. »

En effet, Isabelle, confondue de tant de générosité, accompagna Justine en baissant les yeux; elle apprit avec elle tous les ouvrages de son sexe, perdit petit à petit son orgueil, devint douce, bonne et sensible dans le malheur, ce grand maître qui donne de si fortes leçons; et quand les affaires de son père furent arrangées, et qu'elle vint à reprendre une partie de son ancien genre de vie, Isabelle, modeste, épurée au creuset de l'adversité, loin de retourner à ses affreux travers d'esprit, continua d'être aimable; et Justine, son inséparable bienfaitrice, revint avec elle non comme sa femme de chambre, mais comme sa meilleure amie.

BENJAMIN.

Benjamin, fils de monsieur et madame Provins, était l'unique enfant qui fût resté de huit. Cette raison était sans doute celle pour laquelle madame Provins idolâtrait cet enfant, qu'elle avait conservé comme par miracle.

Quoique Benjamin fût son nom, sa maman lui en avait donné un autre qui lui avait paru probablement plus propre à sa vive tendresse, et ce nouveau nom était *Titi*. Titi donc, puisque Titi il y a, était choyé par sa mère, par le père, par les domestiques; et toute la famille, prosternée en quelque sorte aux pieds de ce marmot, ne savait quoi s'imaginer pour satisfaire ses caprices.

Entre autres fantaisies, ayant aperçu près des montagnes qui avoisinaient le château, des moutons mérinos qui paissaient, aussitôt voilà la fantaisie qui prend à Titi d'avoir une calèche attelée de deux mérinos; et la mère trop faible, l'entendant crier et pleurer sans cesse, jusqu'à ce qu'il eût obtenu l'objet de ses capriccs, fait acheter l'équipage et les deux mérinos, et les fait dresser pour faire promener le cher Titi.

On aurait été trop heureux, si l'on en avait été quitte à si bon marché. L'équipage déplut bientôt à Titi, comme mille joujoux coûteux qu'on lui avait achetés.

Une fois qu'on l'avait conduit aux *Ombres chinoises* de Séraphin, notre marmot ne s'avise-t-il pas de prétendre posséder un petit Théâtre semblable?

Pour le coup, la chose paraît impossible;

cependant les cris de Titi redoublent, et pour finir, M. Provins se résigne à faire l'acquisition d'un petit Théâtre à peu près pareil, qu'il organise et fait jouer dans son salon.

Tout nouveau, tout beau pour les enfants, et souvent pour les grandes personnes ; mais en peu de jours, *la chasse au canard, la grotte enchantée de Séraphin,* et ses *feux pyriques,* lassèrent notre inconstant Benjamin, qui ne fut pas content qu'il ne mît en pièces monsieur Polichinelle et la mère Gigogne : et ce ne fut que pour avoir de nouveaux caprices.

Entre autres manies tyranniques, le petit personnage avait celle de mordre, mais mordre jusqu'au sang ; et la mère avait la faiblesse de rire des domestiques qu'il pouvait saisir. Quant à elle, le monstre ne l'épargnait pas plus, et son bonheur était d'enfoncer ses dents dans sa main ou son bras, de la pincer de toutes ses forces, et enfin de faire tout le mal que ses débiles moyens lui permettaient de faire. Telle était l'enfance de Titi, qui promettait bien d'être le plus grand mauvais sujet de la terre.

Par bonheur, un de ses oncles, M. de Barforde, ancien marin, qui l'avait vu arracher les fleurs du jardin, cacher sa canne ou son chapeau, dit un jour à sa maman : « Ma sœur, voulez-vous perdre ou sauver votre fils?... Voulez-vous qu'un jour il déshonore sa famille, ou qu'il en soit l'honneur? Eh bien! il faut l'abandonner à ma discrétion! nous avons, nous autres marins, des expédients infaillibles pour redresser une éducation mal commencée. » Et en prononçant ces derniers mots, notre ancien capitaine de vaisseau faisait un geste qui annonçait quel genre de *mentor* il se proposait de donner à Titi. Madame Provins ne répondit pas; cependant, ainsi que son époux, elle sentait bien, au fond de son âme, qu'elle perdait Benjamin; mais enfin, la crainte de le perdre comme ses sept autres enfants qui étaient morts, l'emportait sur toutes les considérations, et elle préférait les choses dans ce funeste état, plutôt que de rien faire qui pût lui donner lieu de se reprocher la mort de son cher Titi.

Un jour que, devant le capitaine Barforde, Benjamin avait voulu absolument gaspiller une douzaine de pots de confitures; qu'il avait cassé à plaisir quelques verres en cristal, craché au visage de sa bonne, au consentement honteux du papa, qui permettait tout pour avoir la tranquillité, disait-il; un jour, enfin, qu'il avait déchiré les dentelles de sa mère, donné des coups de couteau à la chienne de chasse qui nourrissait ses petits, et d'autres gentillesses de ce genre : Parbleu, se dit tout bas le marin irrité, les tours de ce lutin sont par trop forts, et je me ferais un cas de conscience de n'y pas mettre bon ordre.

Aussitôt il prend une résolution, et donne en secret des ordres à son domestique, qui, le soir, enlève Titi, lui met un mouchoir sur la bouche, et se dirige vers le port de Cherbourg, où le capitaine avait un bâtiment en charge pour l'Ile-de-France.

On peut se former une idée de la désolation des deux époux, à la disparition de leur Benjamin chéri : ils jettent les hauts cris, ils accusent les domestiques, et jusqu'à l'oncle ; mais celui-ci proteste de son innocence à cet égard, et, faisant ses adieux, il assure monsieur et madame Provins qu'il va faire toutes les recherches imaginables.

Dès qu'il fut arrivé à bord de son vaisseau, il fit mettre à la voile, et le vaisseau cingla par le vent le plus favorable. Quelle figure faisait Titi dans cette conjoncture?

D'abord, il s'était déchaîné comme un petit diable ; mais quand il se convainquit que toutes les tentatives, les cris et surtout les *morsures* étaient inutiles, et que le capitaine Barforde répondait à tout en montrant une corde avec laquelle on punit les fautes des mousses, il se tut, fut docile, se résigna et s'endormit sur ses larmes.

Sa mère, madame Provins, fit désespérer de sa vie dans une maladie grave qui suivit la disparition de son fils; elle écrivit des lettres de menaces au capitaine, qui n'en fit aucun cas; mais enfin le temps la consola, comme il efface le souvenir des peines les plus cruelles.

Bref, dix ans s'étaient passés, et Titi avait atteint sa quinzième année au sein de l'étude, et le capitaine Barforde crut le moment favorable de rendre à monsieur et madame Provins un fils adoré qu'ils eroyaient avoir perdu pour jamais; et s'embarquant de nouveau pour l'Europe, il arrive un matin chez monsieur et madame Prnvins avec son compagnon de navigation, qui était devenu studieux, poli et respectueux.

— « Vous rappelez-vous, mon frère, et vous
» ma chère sœur, d'un certain Titi, exécrable
» enfant gâté, que vous m'accusâtes, il y a dix
» ans, d'avoir enlevé, qui aurait fait le malheur
» de vos jours, s'il eût continué d'être dans ce
» dangereux état? »

— Oui, sans doute, reprit madame Provins:

malgré ses défauts, mon cœur ne l'oubliera jamais. « Eh bien ! reprit le capitaine, embrassez-» le donc, car vous l'avez devant vous ! »

Madame Provins, ainsi que son époux, eurent peine à soutenir de si vives émotions, et leur reconnaissance se reportant sur leur frère, ils ne savaient comment le remercier du service qu'il leur avait rendu ainsi qu'à leur fils.

LA MENDIANTE.

Une dame hérita d'un de ses parents, qui laissait une grande fortune. Ce parent était le seigneur d'un village, où il possédait un beau château. Avant de mourir, il recommanda à la dame de faire sur ses biens une pension de cent écus à la famille la plus charitable du village.

Au bout de quelque temps, la dame fit annoncer qu'elle allait venir prendre possession du château; et deux jours avant celui qu'elle avait fixé, l'on vit dans le village une pauvresse étrangère qui allait, de porte en porte, demander l'aumône. Dans la plupart des maisons, on lui répondait durement que le pain était cher, et qu'il n'y en avait pas de trop. Dans d'autres, tout en la rudoyant, on lui donnait quelque liard ou quelque morceau de pain moisi, quelque pomme à moitié gâtée. Enfin, elle arriva près d'une cabane habitée par un paysan, sa femme et leur petit enfant. Comme la pauvresse grelottait de froid, et qu'elle avait la figure et les mains toutes violettes, tant elle souffrait de la rigueur de la saison, le paysan, sitôt qu'il la vit à sa porte, lui dit d'entrer et de se chauffer à son feu. Puis il lui versa un verre de vin, sa femme lui coupa un morceau du peu de pain qu'elle avait chez elle, et le lui donna, avec une tranche de jambon. Le petit enfant aussi se montra charitable et lui offrit la moitié d'un morceau de galette que sa mère venait de lui donner. La pauvresse s'en alla en les bénissant.

Le surlendemain, l'on apprit que la dame du château venait d'arriver, et les habitants du village furent invités par elle à dîner. On les introduisit tous dans une salle à manger où il y avait une grande et une petite table. Celle-ci était couverte des mets les plus exquis, sur la grande il y avait beaucoup d'assiettes couvertes.

La dame fit placer à cette table tous les gens du village, à l'exception de la famille qui avait secouru la mendiante, puis elle dit :

— Mon parent, qui m'a laissé ce château, m'a ordonné de faire une rente de cent écus au plus charitable d'entre vous. Pour pouvoir remplir ses volontés, j'ai voulu vous éprouver. C'est moi qui avant-hier ai parcouru le village sous l'habit d'une pauvresse. Chacun de vous peut se rendre justice, et se dire s'il m'a bien accueillie. Je n'ai trouvé de charitables que ce pauvre homme, sa femme et son fils; aussi auront-ils la rente de cent écus tant que l'un d'eux vivra. Je leur dois aussi un dîner; qu'ils se mettent avec moi à cette petite table, je vais le leur rendre le mieux qu'il me sera possible. Quant à vous autres, vous trouverez sur vos assiettes la juste récompense de ce que vous m'avez donné ; vous pouvez lever les couvercles.

Les paysans n'étaient pas fort satisfaits de ce discours, ils le furent encore moins de ce qu'ils trouvèrent devant eux; ceux qui n'avaient rien donné virent leurs assiettes absolument vides ; les autres trouvèrent l'objet même qu'ils avaient remis à la pauvresse; l'un une croûte de pain, l'autre une pomme pourrie, l'autre un mauvais liard. Enfin un méchant petit garçon, qui avait jeté à la pauvresse l'os qu'il rongeait, trouva cet os qu'elle avait ramassé. La dame, après s'être amusée de leur surprise, ajouta : — N'oubliez pas que vous serez ainsi récompensés dans l'autre monde.

FIN.

TABLE.

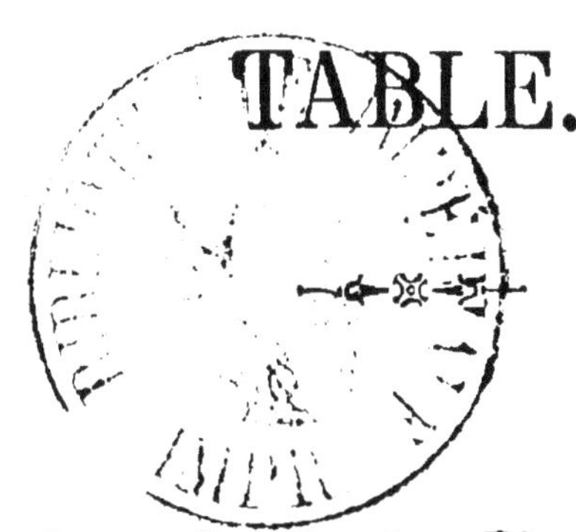

FIN DE LA TABLE.

LIMOGES ET ISLE,

Typographies de EUGÈNE ARDANT et C. THIBAUT.

www.ingramcontent.com/pod-product-compliance
Ingram Content Group UK Ltd.
Pitfield, Milton Keynes, MK11 3LW, UK
UKHW020951180726
13838UKWH00003B/1266

9 782329 455693